生菜品种与栽培

范双喜　韩莹琰　著

中国农业出版社

图书在版编目（CIP）数据

生菜品种与栽培 / 范双喜，韩莹琰著. —北京：中国农业出版社，2018.3
ISBN 978-7-109-23385-0

Ⅰ. ①生… Ⅱ. ①范… ②韩… Ⅲ. ①生菜类蔬菜-蔬菜园艺 Ⅳ. ①S636.2

中国版本图书馆CIP数据核字（2017）第231441号

中国农业出版社出版
（北京市朝阳区麦子店街18号楼）
（邮政编码 100125）
责任编辑 戴碧霞
文字编辑 田彬彬

中国农业出版社印刷厂印刷 新华书店北京发行所发行
2018年3月第1版 2018年3月北京第1次印刷

开本：880mm × 1230mm 1/32 印张：3.125
字数：65千字
定价：32.00元

FOREWORD

前言

蔬菜是人们生活中不可或缺的植物产品。随着生活水平的不断提高，人们对蔬菜的需求已从数量消费型向质量消费型转化，已不仅仅满足于充足的数量，而是更加注重种类品种多样、风味口感佳良、营养丰富、具有食疗保健效果、清洁无污染、食用方便等更高层次的消费目标。同时，蔬菜科技工作者和生产者，在满足消费者多样化需求的基础上，以消费者的需求为导向，积极探求高产、优质、高效的蔬菜种植种类、品种及生产模式，以提高蔬菜产品的竞争力，获取最优的社会效益和经济效益。近年来，快速发展的生菜产业就是消费者青睐、生产者追逐的优势蔬菜产业。

生菜原产欧洲地中海沿岸，是人们喜食的不可缺少的重要蔬菜。生菜不但含有丰富的维生素、矿物质、膳食纤维、糖等多种营养物质，其特有的莴苣素，具有镇痛催眠、降低胆固醇、辅助治疗神经衰弱等功效，堪称美味、营养、保健俱佳的叶类蔬菜。近年来，生菜以生食清脆爽口，炒、涮、煮鲜嫩清香而深受中国消费者的喜爱，成为各地生熟兼用、市场热

销的重要叶类蔬菜。同时，生菜的环境适应能力强、生长迅速、能经济利用土地和综合生产资源，较其他蔬菜有更高的比较效益，因而备受生产者青睐。

生菜柔嫩多汁，不耐贮运，加之消费者对其鲜嫩可口的需求越来越高，决定了生菜适宜就地生产，就近供应。因此，选用适应不同栽培季节、不同地区、不同种植类型的生菜优良品种是实现高效安全生产的关键，也是周年均衡供应消费者优质产品的保障。生产者通过选择适销对路的品种，合理安排茬口，优化栽培技术体系，能有效降低成本，增产增效，取得良好的社会效益和经济效益。

由于生菜资源丰富，种类多样，因此，首先应准确把握植株生长发育的共性与特性，以实现生菜资源的有效利用。为此，我们比较系统、详细地描述了生菜性状标准，特别是对子叶、莲座叶、叶尖、叶缘、叶裂刻等不同类型的、重要但又难以区分的形状，作了图文对应，直观描述；对单株重、单球重、球叶数、叶球紧实度、叶球形状、抽薹性等产量构成及商品性构成要素，作了清晰的标准界定。生菜性状标准的描述，将为不同种类、不同类型生菜栽培实现标准化、产业化生产奠定理论基础和技术应用支撑。

生菜国内外品种荟萃，为周年生产、均衡供应提供了可能。只有深入了解不同品种的特征特性，才能正确选用品种，并采用与之配套的栽培技术，实现丰

产、优质、高效的生产目标。为便于生产应用，我们按结球生菜、半结球生菜和散叶生菜分章介绍，并将近年来发展迅速的紫叶生菜单列成章，分别阐述其主要品种与栽培要点。为简明扼要、突出重点，各品种主要从种质来源、植株特征、产量品质特点、适宜种植季节与区域、栽培要点等方面阐述，并力求抓住品种的特点，图文并茂，以便读者区分掌握。

本书密切联系生菜生产实际，在简述基本理论和技术的基础上，力求融知识性、技术性和实用性于一体，注重反映引进消化品种和我国自主选育新品种相结合，良种良法配套，以期为提升生菜产业化水平提供理论基础和技术支持。本书在技术研究、文献收集、编写、审校等著书全程中得到现代农业产业技术体系北京市叶类蔬菜创新团队和北京农学院蔬菜产业技术提升协同创新中心同仁及出版专项资金资助，在此表示衷心的感谢。

由于著者水平所限，书中疏漏和不妥之处在所难免，敬请广大读者批评指正。

著　者

2017年10月

CONTENTS

目录

第一章

生菜起源与特性

一、生菜的起源

生菜是叶用莴苣的俗称，属菊科莴苣属，为一年生或二年生草本植物，以叶为主要产品器官，学名：*Lactuca sativa* L.，染色体数为$2n=2x=18$。由野生种驯化而来，原产于地中海沿岸，据推测可能是在埃及，经由中东传到欧洲，又通过西班牙人于1494年传到美洲。古希腊人、罗马人最早食用。约在隋代传入我国，北宋陶谷撰《清异录》（10世纪中期）中有关于生菜的记载；元代司农司编纂的《农桑辑要》（1273）有生菜栽培的最早记录。11世纪已有紫叶生菜的记载。经过在中国的长期栽培，生菜又演化出茎用类型，也就是人们俗称的莴笋。生菜传入中国的历史较悠久，东南沿海，特别是大城市近郊栽培较多。近年来，栽培面积迅速扩大，目前已成为北京市播种面积最大的绿叶蔬菜。

在生菜的育种研究中，国外尤其是西方国家如美国、荷兰、英国和法国等开展较多，因此目前市场上主要为国外品种。早在1929年，美国就育成了大湖（Great Lake）系列品种；此后美国育种家又育成了皇帝（Imperial）系列品种；20世纪80年代到现在，美国、欧洲等地又陆续育出了高产的先锋（Vanguard）系列、Salinas系列和Target、Nancy、Clarion、Ardrade等结球品种类型。英国育成了大使（Ambassador）、男爵（Baroet）等6个适于低温环境生长的品种。日本也育成了一些耐低温、极早熟的脆叶结球品种和软叶结球品种。北京农学院生菜品种选育团队自1998年起即开始进行生菜种质资源创新与利用及逆境生理研究工作，

共收集国内外叶用莴苣资源705份，综合分析资源的农艺性状，在温室、大棚等设施栽培与露地生产条件下，对生菜耐热性进行了实时系统的评价，同时开展生菜耐热的分子机理研究，自主选育了4个耐热、抗抽薹生菜新品种北生1号、北生2号、北散生1号、北散生2号，2012年通过北京市种子管理站鉴定。随后又自主选育北生3号、北生4号、北散生3号、北散生4号4个耐寒生菜新品种，2014年通过北京市种子管理站鉴定。为了满足广大居民对于观赏蔬菜以及保健蔬菜的巨大需求，于2016年育成北紫生1号、北紫生2号、北紫生3号、北紫生4号4个花色苷含量高、叶形美观、观赏性强的紫叶生菜新品种。

二、生菜的生长发育

1. 植物学特征

(1) 根　直根系，根系浅，须根发达，主要分布于20～30cm的表层土壤中。

(2) 叶　苗期叶片互生于短缩茎上，有披针形、椭圆形、倒卵形等。叶色绿、黄绿或紫。叶面平滑或皱缩，叶缘波状或浅裂至深裂。外叶开展，心叶松散或包成叶球。

(3) 茎　茎短缩。

(4) 花　头状花序，每1花序有小花20朵左右，花浅黄色，子房单室，自花授粉，异花授粉概率低。

(5) 果实　果实为瘦果，黑褐色或灰白色，附有冠毛，是播种繁殖器官，千粒重1.0g左右，种子寿命5年，使用年限2～3年。

2. 生长发育周期　生菜的生长发育周期包括营养生长和生殖生长两个阶段。

（1）营养生长期　营养生长期包括发芽期、幼苗期、发棵期及产品器官形成期，各期的长短因品种和栽培季节不同而异。

①发芽期　从播种至第1片真叶初现为发芽期，其临界形态特征为“破心”。该期需8 ～ 10d。

②幼苗期　从“破心”至第1个叶环的叶片全部展开为幼苗期，其临界形态特征为“团棵”，每叶环有5 ～ 8枚叶片。该期需20 ～ 25d。

③发棵期　发棵期又称莲座期、开盘期，从“团棵”至第2叶环的叶片全部展开为发棵期，需15 ～ 30d。结球生菜心叶开始卷抱，散叶生菜无此期。

④产品器官形成期　需15 ～ 30d。此期内结球生菜从卷心到叶球成熟，而散叶生菜则以齐顶为成熟标志。

（2）生殖生长期　生菜茎顶端分化花芽是从营养生长转向生殖生长的标志。生菜通过春化对低温、长日照的要求并不十分严格，它的春化与积温密切相关，只要积温满足要求，就可以抽薹，高温促进生菜的抽薹开花。对光照的要求也不十分严格。花芽分化后，从抽薹开花到果实成熟为生殖生长阶段。

3. 对环境的要求

（1）温度　生菜属半耐寒性蔬菜，喜冷凉，忌高温。种子发芽的最低温度为4℃，适宜温度为15 ～ 20℃，25℃以上发芽受到限制，30℃以上种子进入休眠。幼苗对温度的适应能力较强，可耐-6 ～ -5℃，但适宜温度为12 ～ 20℃。在产品器官形成期，茎、叶生长适宜温度为11 ～ 18℃。结

球生菜对温度的适应性较差，结球适温为17～18℃，21℃以上不易形成商品叶球。

生菜属于高温感应型植物，在生殖生长阶段遇高温易引起未熟抽薹。花芽分化以后，在15～25℃范围内，温度越高，抽薹越快。开花结实适温为22～29℃。

（2）光照　生菜属于对光照度要求较弱的一类蔬菜，光补偿点为1.5～2.0klx，光饱和点为25klx，在高温、长日照条件下，生菜的花芽分化、抽薹、开花提早。

生菜种子是需光种子，发芽时有适当的散射光可以促进发芽，在红光下发芽较快。播种后，在适宜的温度、水分和氧气供应条件下，浅覆土有利于提早发芽。

（3）水分　生菜由于其叶片多且大，蒸腾作用旺盛，消耗水分多，需要更多的水分，表现为喜潮湿忌干燥。

（4）土壤与营养　生菜属浅根性直根系蔬菜，根的吸收能力弱，需要氧气量很高，在黏重和瘠薄土壤上根部发育不良，会直接影响食用器官的产量和品质。最适的土壤pH为5.8～6.6，pH低于5.0或高于7.0时生长不良。有机质丰富、表土肥沃、保水保肥力强的黏质壤土或壤土为最佳。

生菜的需肥量较大，对氮、钾吸收较多，其次是钙、镁，而对磷的吸收较少。据分析，每1 000kg结球生菜吸收氮1.6kg、磷0.88kg、钾4.0kg、钙0.81kg、镁1.52kg。缺钙易造成烧边病。

三、生菜的营养价值

生菜富含水分，食用部分含水分高达94%～96%，故生食清脆爽口，特别鲜嫩。每100g食用部分还含蛋白质1～1.4g、糖1.8～3.2g、维生素C 10～15mg及一些矿物质。生菜中膳食纤维和维生素C较白菜多，有减脂的作用，故又叫减肥生菜。因其茎叶中含有莴苣素，故味微苦，具有镇痛催眠、降低胆固醇、辅助治疗神经衰弱等功效；含有甘露醇等有效成分，有利尿和促进血液循环的作用；生菜中含有一种“干扰素诱生剂”，可刺激人体正常细胞产生干扰素，从而产生一种“抗病毒蛋白”抑制病毒。

四、生菜的分类

1. 按叶片色泽分类　生菜按叶片的色泽区分为绿叶生菜和紫叶生菜两种（图1-1）。

2. 按叶的形态分类　生菜依叶的生长形态，可分为结球生菜、散叶生菜和半结球（直立）生菜。

（1）结球生菜　结球生菜的主要特征是，它的顶生叶形成叶球，圆形或扁圆形。叶片全缘、有锯齿或深裂，叶面平滑或皱缩（图1-2）。

（2）散叶生菜　散叶生菜的主要特征是不结球。基生叶，叶片长卵形，叶柄较长，叶缘波状有缺刻或深裂，叶面皱缩，簇生的叶丛有如大花朵一般（图1-3）。

（3）半结球生菜　半结球生菜的主要特征是叶片狭长，直立生长。叶全缘或有锯齿，叶片厚，肉质较粗，风味稍差（图1-4）。

图1-1 不同颜色的生菜

图1-2　结球生菜

图1-3　散叶生菜

图1-4 半结球生菜

五、生菜性状描述标准

生菜性状标准主要从子叶、莲座叶、叶尖、叶缘、叶裂刻的形状，株高、株幅、单株重等植株生长特点，球叶数、叶球紧实度、叶球形状等结球性，生菜抽薹性、单球重、净菜率等产量性状几个方面描述。

1. 子叶形状　生菜有2片子叶，发芽期观察子叶出土展开时的形状，有以下几种（图1-5）：

（1）长椭圆形　长为宽的3～4倍，最宽处近中部。

（2）倒卵形　长、宽近相等，最宽处近上部。

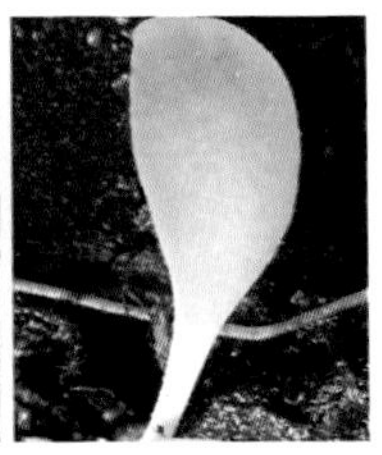

长椭圆形　　倒卵形　　近圆形　　匙　形

图1-5　生菜子叶形状

(3) 近圆形　长、宽近相等，最宽处近中部。

(4) 匙形　子叶基部狭窄，端部近圆形。

2. 叶形　目测法观察植株莲座叶的形状，主要有以下几种（图1-6）：

(1) 扁圆形　叶宽为长的1～1.5倍的叶形。

(2) 近圆形　叶长、宽近相等，似圆形。

(3) 椭圆形　叶长为宽的1.5～2倍，最宽处近中部的叶形。

(4) 长椭圆形　叶长为宽的3～4倍，最宽处近中部的叶形。

(5) 卵形　长、宽近相等，最宽处近下部的叶形。

(6) 倒卵形　长、宽近相等，最宽处近上部的叶形。

(7) 匙形　叶上部较宽，下部狭窄，形状像汤匙。

(8) 披针形　叶长为宽的3～4倍，最宽处近下部的叶形。

(9) 提琴形　形状似提琴的叶形。

3. 叶尖　植株莲座叶叶尖的形状分为以下4种（图1-7）：

(1) 锐尖　叶尖端叶缘呈直线渐尖，叶尖夹角小于30°。

(2) 尖　叶尖端叶缘呈直线渐尖，叶尖夹角大于30°。

(3) 钝尖　叶尖端叶缘呈弧线渐尖。

图1-6　生菜叶形

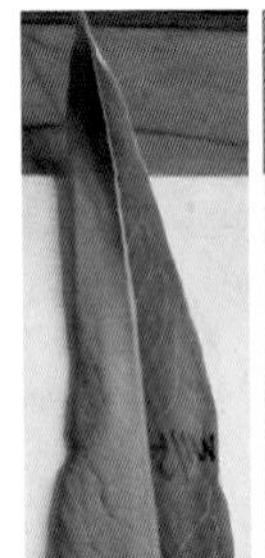

锐　尖　　尖　　钝　尖　　圆

图1-7　生菜叶尖

（4）圆　叶尖端叶缘呈圆弧状。

4.叶缘　生菜莲座叶叶片外缘的状况不同，主要有以下几种（图1-8）：

（1）全缘　叶周边平或近于平整。

（2）钝齿　叶周边浅锯齿状，齿尖两边不等，通常向一侧倾斜，齿尖较圆钝。

（3）细锯齿　叶周边深锯齿状，齿尖两边不等，通常向一侧倾斜，齿尖细锐。

（4）重锯齿　叶周边锯齿状，齿尖两边不等，通常向一侧倾斜，齿状物两边又呈锯齿状。

（5）不规则锯齿　锯齿大小形状不规则。

5.叶裂刻　叶裂刻是指在正常生长条件下莲座叶叶片顺侧脉发生的缺裂。根据缺裂程度和方式分为无缺刻、浅裂、深裂（图1-9）。

6.叶长　植株最大的莲座叶叶片基部至叶顶端的长度，单位多用cm表示。

7.叶宽　植株最大的莲座叶叶片最宽处的宽度，单位多用cm表示。

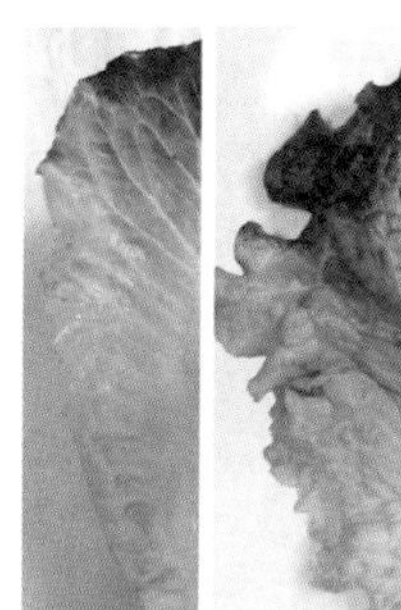

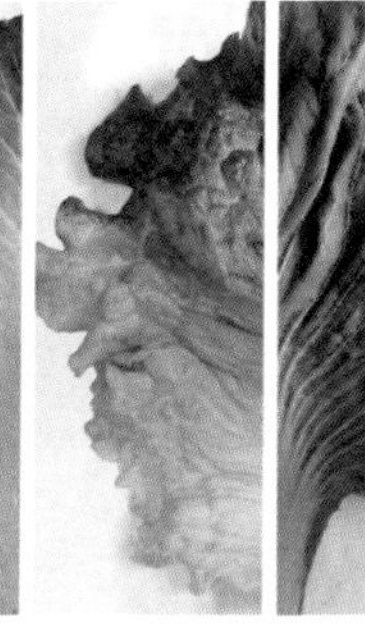

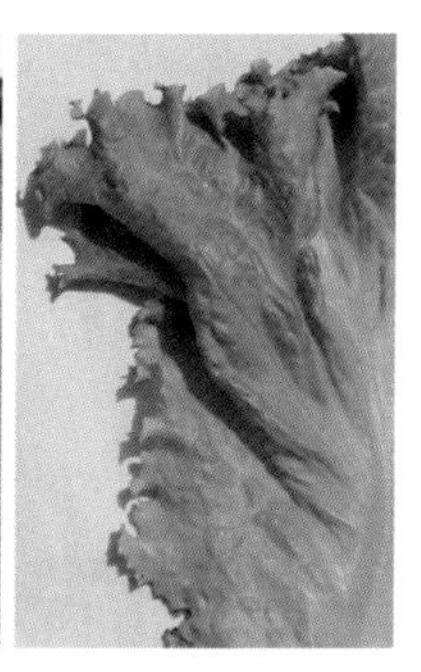

全　缘　　钝　齿　　细锯齿　　重锯齿　　不规则锯齿

图1-8　生菜叶缘

无缺刻　　浅　裂　　深　裂

图1-9　生菜叶裂刻

8. **叶色**　生菜莲座叶叶片正面的颜色，有以下几种：浅绿、黄绿、绿、深绿、紫红。

9. **叶面褶皱**　生菜莲座叶正面平滑或皱缩的程度（图1-10）。

（1）**平滑**　叶面光滑，无褶皱。

（2）**微皱**　叶表面有轻微的褶皱。

（3）**皱**　叶表面褶皱明显。

（4）**多皱**　叶表面褶皱多且明显。

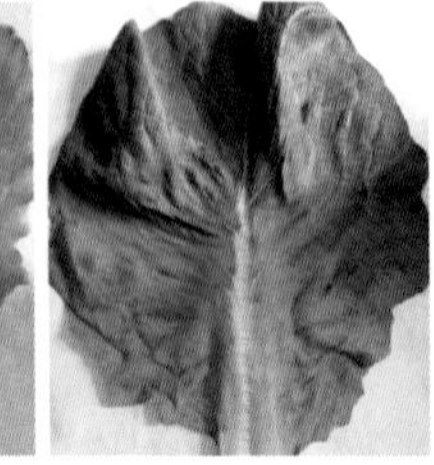
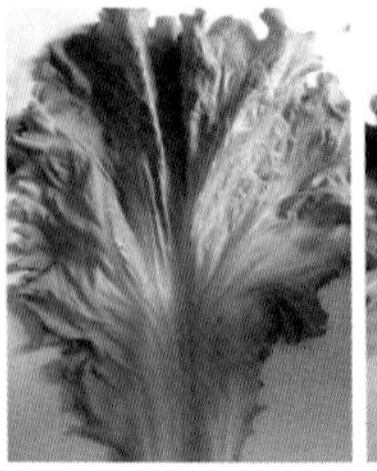

平 滑　　微 皱　　皱　　多 皱

图1-10　生菜叶面褶皱

10. **株高**　植株自土壤表面至其自然最高处的高度，单位多用cm表示。

11. **株幅**　植株最宽处的宽度，单位多用cm表示。

12. **熟性**　生菜种质在其适宜生长的地区形成成熟食用器官的早晚程度。以当地熟性中等的品种作为对照，按从播种到产品器官收获所需的天数，将熟性分为5级。

（1）**极早**　早于对照品种15d以上成熟。

（2）**早**　早于对照品种5～14d成熟。

（3）**中**　基本与对照品种同期成熟。

（4）**晚**　晚于对照品种5～14d成熟。

（5）**极晚**　晚于对照品种15d以上成熟。

13. **结球性**　根据植株叶片是否抱合及抱合的程度，分为以下3种类型：

（1）**结球**　植株紧凑，植株大部分叶片合抱在一起，形成明显的球状。

（2）**半结球**　植株紧凑，植株少部分叶片合抱在一起，形成不十分明显的球状。

（3）**散叶**　植株叶片全部散生，叶片不抱合。

14. **单株重**　采收期生菜单株地上商品器官的质量，单

位为g。

15.单球重　叶球采收期结球生菜单个商品叶球的质量，单位为g。

16.球叶数　结球和半结球生菜长度大于2cm的球叶数，单位为片。

17.叶球紧实度　结球生菜叶球的紧实程度。

(1) 紧　手感紧实，指压无下陷感觉。

(2) 中　手感较紧实，指压无明显下陷感觉。

(3) 松　手感松散，指压有明显下陷感觉。

18.叶球形状　叶球采收期，结球生菜叶球的形状。

(1) 扁圆　叶球纵径明显小于横径。

(2) 近圆　叶球纵径与横径基本相等。

(3) 高圆　叶球纵径明显大于横径。

19.单产　单位面积收获生菜商品器官的质量，单位一般用kg/hm^{2}或667m^{2}千克数（kg）表示。

20.净菜率　商品器官经济产量占地上部生物产量的比例。

21.抽薹性　生菜种质在其适宜生长的地区抽薹的早晚程度。以当地抽薹性中等的品种作为对照，将抽薹性分为5级。

(1) 极早　早于对照品种18d以上抽薹。

(2) 早　早于对照品种9～17d抽薹。

(3) 中　与对照同期抽薹。

(4) 晚　晚于对照品种9～17d抽薹。

(5) 极晚　晚于对照品种18d以上抽薹。

22.花色　盛花期刚刚绽开的花朵的颜色，主要有淡黄色和黄色两种。

23.种子千粒重　含水量在8%以下的1 000粒成熟生菜种子的质量，单位为g。

第二章

结球生菜

主要品种与栽培要点

1. 北生1号

(1) 种质来源 北京农学院从意大利引入结球生菜材料，在高温栽培条件下选择目标种株，经多代自交、纯化后选育出耐热性稳定的品种。

(2) 特征特性 叶片深绿色，叶扁圆形，叶尖圆形，叶基部楔形，叶缘不规则锯齿，略有缺刻，叶面微皱，有光泽，外叶较大；叶球圆球形，顶部较平，球叶向内弯曲，叶球为合抱（图2-1）。结球稳定整齐，单球重500g左右。质地脆嫩，味道好，口感鲜嫩清香，苦中带甜。净菜率达80%以上。

(3) 栽培要点 早熟结球生菜品种，定植到收获50d左右，适宜北方地区春大棚、春夏露地栽培及冷凉地区夏季种植。每667m^{2}产3 000kg以上。耐热、耐腐烂，抗干烧心和烧边能力强。

图2-1 北生1号

2. 北生2号

(1) **种质来源** 北京农学院引入意大利结球生菜材料，经多代自交、纯化后选育出耐热性稳定的品种。

(2) **特征特性** 叶片绿色，匙形，叶尖圆形，叶基部楔形，叶缘钝齿，缺刻少，叶面微皱，有光泽，外叶较少；叶球圆球形整齐，叶球抱合方式介于合抱至叠抱之间（合抱为叶片两侧和上部稍向内弯曲成莲花瓣状，叶尖部稍超过中轴线，或接近中轴线；叠抱为叶片的上部向内向下弯曲远超过中轴线，把内部的叶片完全盖住）。单球重500g左右（图2-2）。质地稍绵，品质佳，口感好。净菜率达85%以上。

(3) **栽培要点** 早熟结球生菜品种，定植到收获45d左右，适宜北方地区春大棚、春夏露地栽培及冷凉地区夏季种植。每667m^{2}产3 000kg以上。耐热、耐腐烂，抗干烧心和烧边能力强。

图2-2 北生2号

3. 北生3号

（1）**种质来源** 由北京农学院自美国引入结球生菜材料，经多代自交、纯化后选育出耐寒性稳定的品种。

（2）**特征特性** 叶片绿色，叶扁圆形，叶尖圆形，叶基部楔形，叶缘不规则锯齿，略有缺刻，叶面微皱，有光泽，外叶较大；叶球圆球形，顶部较平，球叶向内弯曲，叶球为合抱（图2-3）。结球稳定整齐，单球重500g左右。质地脆嫩，味道好，口感鲜嫩清香，苦中带甜。净菜率达80%以上。

（3）**栽培要点** 适宜北京冬春设施和早春露地栽培。穴盘育苗，待长到4～5片真叶时进行定植。每667m^{2}施优质有机肥5 000kg以上，撒施三元复合肥20～30kg。定植可按行距30～35cm、株距30cm穴栽，每667m^{2}栽苗7 000株左右。中后期应使土壤保持湿润，均匀浇水，采收前停止浇水。从定植到收获80d左右。

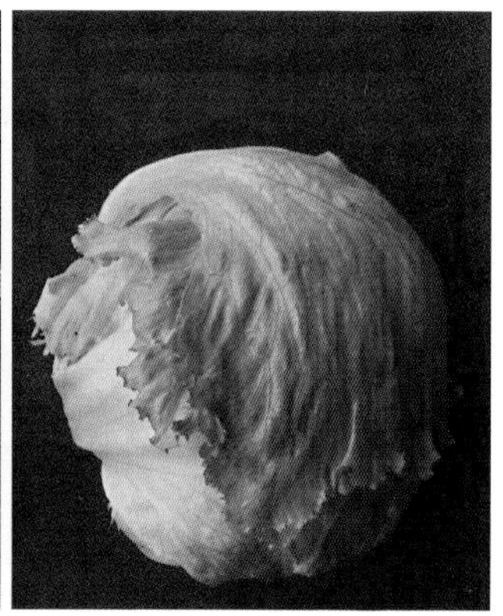

图2-3 北生3号

4. 北生4号

（1）种质来源 由北京农学院自美国引入结球生菜材料，经多代自交、纯化后选育出耐寒性稳定的品种。

（2）特征特性 奶油生菜品种。植株生长强健，株高20cm左右，叶展30cm左右。叶片椭圆形，深绿色，有光泽；叶肉厚，质地柔软，品质优良；叶片全缘，外叶松散，心叶抱合（图2-4）。较耐寒，不耐热；对土壤要求不严格，适应性广。产量较高而稳定，单株重300g左右。质地甜脆，品质佳，适于做沙拉。

（3）栽培要点 幼苗长到4～5片真叶时进行定植。施足底肥，行距30～35cm、株距30cm穴栽，每667m^{2}栽苗7 000株左右。栽苗后浇足定植水。定植缓苗后7～10d浇缓苗水，并随水每667m^{2}施尿素5～10kg；定植后15～30d再追一次肥，每667m^{2}施尿素5～10kg；以后可视具体情况轻补施肥1次。定植后60d可采收。

图2-4 北生4号

5. 嫩绿奶油生菜

（1）种质来源　北京中蔬园艺良种研究开发中心。

（2）特征特性　株高17～20cm，株幅35cm左右。叶卵形，嫩绿色，叶面较平，中下部横皱，叶长、宽各约20cm（图2-5）。单株重300～500g，株型美观，商品性好，叶质软，口感油滑，味香微甜，生食、熟食品质均佳。

（3）栽培要点　适于春、秋季露地及保护地栽培。育苗移栽苗龄30～40d，小苗4～5片叶时定植，平畦栽培，株行距20～25cm。从定植到收获，春栽45d左右，秋栽25～30d。每667m^{2}用种量15～20g。较耐寒，不耐持续高温。

图2-5　嫩绿奶油生菜

6. 奶生1号

（1）**种质来源** 国家蔬菜工程技术研究中心。

（2）**特征特性** 奶油结球生菜类型，中熟，植株非常整齐，株型美观，颜色浅绿，质地柔嫩，商品性好（图2-6）。单球重400g。种子颜色白。

（3）**栽培要点** 适于露地及保护地栽培。宜在春季和冬季保护地种植，炎热气候对其生长不利，应避免种植。育苗移植，苗龄30d左右。从播种到收获70d左右。每667m^{2}用种量10～20g，定植5 000～6 000株，产量1 500～2 000kg。

图2-6 奶生1号

7. 福星

（1）**种质来源**　北京东方正大种子有限公司。

（2）**特征特性**　株高约18cm，株幅约30cm。叶阔扇形，绿色，叶面微皱，叶缘波状；叶球纵径约16cm，横径约15cm，单球重500～600g（图2-7）。质脆嫩，品质优良，长势强，结球性好，抗病性、耐热性强。

（3）**栽培要点**　可春、秋两季栽培，也可作为大棚、温室加茬栽培。定植株行距30cm×40cm，需肥水充足。定植后50～60d收获，每667m^{2}产量为3 000kg左右。

图2-7　福　星

8. 日本卡其结球生菜

（1）种质来源　北京科力达神禾蔬菜研究所。

（2）特征特性　中早熟。株高约25cm，株幅27cm左右。叶深绿有光泽，叶球叠抱紧实，风味佳。单球重500g左右(图2-8)。

（3）栽培要点　可作春、秋两季栽培。苗期30d左右，定植株距30～40cm。耐寒耐高温，易栽培。

图2-8　日本卡其结球生菜

9.Astral

(1) 种质来源　引自荷兰。

(2) 特征特性　结球生菜类型。株高约27cm，株幅58cm左右。外叶较大，近圆形，颜色绿；叶球紧实，扁圆形，质地脆。单球重460g左右（图2-9）。

(3) 栽培要点　易栽培，苗期30d左右，4～5片叶时定植。播种到收获90d左右，注意及时采收。

图2-9　Astral

10. 皇帝

（1）种质来源　北京阿特拉斯种业有限公司。

（2）特征特性　中早熟品种。叶片绿色，外叶小，叶面微皱，叶缘缺刻中等；叶球中等大小，很紧实，球的顶部较平（图2-10）。单球平均重500g左右，品质优良，质地脆嫩。

（3）栽培要点　耐热性好，种植范围广。播种期根据定植期而定，苗龄30～40d，生育期85～90d。一般冬、春季保护地栽培，12月下旬至翌年1月下旬播种育苗，30～40d后定植，3月中旬至4月中旬收获；春季露地栽培，2月中、下旬播种育苗，5月中、下旬收获；夏季冷凉地栽培，4月上旬前播种，6月下旬收获；秋季保护地栽培，8月下旬至10月中旬播种，11月下旬至翌年1月中旬收获。行株距40cm×30cm，667m^{2}产量可达3 500～4 000kg。适应性广，全国各地均可种植，是晚春早夏露地收获和冷凉地区夏季栽培的首选种植品种。

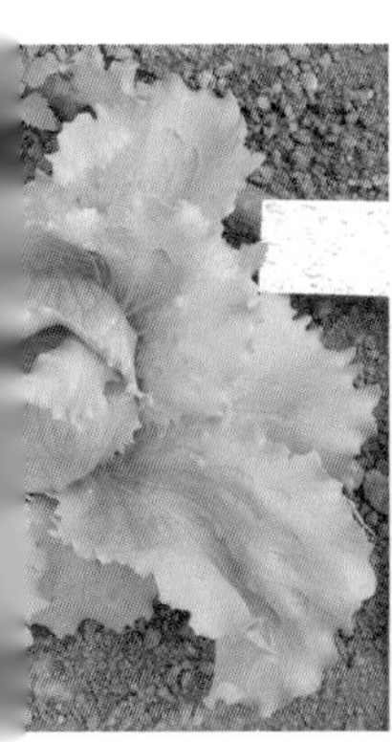

图2-10　皇　帝

11. 百胜115

（1）种质来源　北京市农业技术推广站1998年育成。亲本Yulakes × Empire。2001年通过北京市审定。

（2）特征特性　中熟结球生菜品种。长势健壮，株幅40cm左右。叶片绿色，外叶中等大小，缺刻较浅。结球稳定性好，抱合紧实，单球重600 ~ 800g（图2-11）。

（3）栽培要点　耐热性和抗抽薹性突出，耐病性好，适应季节和种植范围广泛，除6、7、8三个月外均可种植。苗龄30 ~ 40d，定植行距40cm、株距35cm，每667m^{2}密度5 000 ~ 6 000株，用种量20g，产量可达3 000kg以上。全生育期90d左右。栽培过程中注意氮、磷、钾肥均衡施用，适度灌溉。越夏种植须及时采收，以防止烧心，适宜北京地区种植。

图2-11　百胜115

12. 丽岛

（1）种质来源　北京阿特拉斯种业有限公司。

（2）特征特性　早熟品种。叶片绿色，倒卵形，外叶大，叶缘稍有缺刻。株高20cm左右，株幅38cm左右，结球紧实，单球重600～1 000g，球大小一致，品质脆，口感好（图2-12）。

（3）栽培要点　耐热抗病，667m^2产量可达2 500kg，露地、保护地均可栽培。

图2-12　丽　岛

13.704.0052

（1）种质来源　北京市农林科学院蔬菜研究中心。

（2）特征特性　整齐度高，株高约26cm，株幅约48cm。叶形扁圆，叶缘钝齿，叶面皱，外叶较大，颜色绿。中晚熟，叶球浅绿，结球紧实，单球重580g左右（图2-13）。

（3）栽培要点　春、秋季均可栽培，株距30～50cm。中等抗病，生长期较长，抽薹晚，夏季高温注意通风、遮阴。

图2-13　704.0052

14.704.0149

（1）种质来源　北京市农林科学院蔬菜研究中心。

（2）特征特性　株高约24cm，株幅约48cm。叶形扁圆，叶面皱，质地脆，味微苦（图2-14）。

（3）栽培要点　播种到采收90d左右。高温易发生烧边、腐烂等现象。

图2-14　704.0149

15. 双子结球生菜

（1）种质来源 北京绿金蓝种苗有限责任公司。

（2）特征特性 中熟结球生菜品种，生长势强。叶片暗绿色，外叶较大，叶片厚；叶球大，结球紧实而且球型整齐，单株重可达700～800g（图2-15）。

（3）栽培要点 适应性、抗病性均较强，尤其对叶片顶端灼烧病有较强抗性，是晚春早夏露地收获和冷凉地区夏季栽培收获的首选种植品种。宜选用小高畦进行栽培，行距30～40cm，株距30～35cm，667m^2用种量约20g，产量可达3 000～4 000kg。生育期85d左右。

图2-15　双子结球生菜

16. 国王101

（1）种质来源　北京阿特拉斯种业有限公司。

（2）特征特性　中早熟结球生菜品种。叶球圆球形，叶片绿色，生长势强，结球紧实，整齐一致，平均单球重500～600g（图2-16）。品质好，耐运输，抗霜霉病及顶端灼烧病。

（3）栽培要点　宜在春、夏、秋季保护地或露地种植，可以作为越夏栽培品种。育苗移栽，苗龄30d左右，全生育期80～85d。667m^{2}用种量约20g，定植5 000～6 000株，产量可达3 000kg左右。

图2-16　国王101

17. 维纳斯

（1）种质来源　从澳大利亚引进的结球生菜品种。

（2）特征特性　中熟品种。叶片深绿色美观，叶缘缺刻少；叶球圆球形整齐，结球稳定，单球重可达600g以上（图2-17）。绿层厚，叶片分层性好，适合加工厂加工切丝、切片。耐烧心、烧边，品质佳，耐寒性较强，低温时抱球正常，不易出现不正常结球。

（3）栽培要点　抗病性好，主要适应于南方秋冬季露地种植和北方保护地栽培，合理密植，株行距30cm×35cm，一般667m^{2}产量在3 000kg以上。高温条件下播种需注意对种子进行低温催芽处理，并注意苗期采用降温措施。施足底肥，成熟中期适当控水。全生育期85d左右。

图2-17　维纳斯

18. 射手101

（1）种质来源　北京市裕农优质农产品种植公司。

（2）特征特性　优良的中早熟结球生菜品种。叶片绿色，外叶较大，叶缘略有缺刻；叶球圆球形，顶部较平，结球稳定整齐，单球重600g左右（图2-18）。质地脆嫩，口感鲜嫩清香，苦中带甜。耐烧心、烧边，品质好，耐热、抗病性较强，适应季节和种植范围相当广泛，是目前生产基地加工、出口所使用的主要品种。

（3）栽培要点　育苗栽培，4～5叶1心时定植，定植株行距为30cm×35cm，施足底肥，后期适当控水，全生育期85d左右。667m^2用种量15～20g，产量可达3 000kg以上。

图2-18　射手101

19. 美国结球生菜

（1）种质来源 河北省青县大地育苗中心。

（2）特征特性 结球生菜品种。株高约25cm，株幅约43cm。叶形扁圆，叶缘钝齿，叶面皱缩，叶球叠抱，单球重350g左右（图2-19）。

（3）栽培要点 耐热、耐寒性强，适合春、秋季露地栽培。株行距25～30cm，栽培中后期须供水均匀，防止腐烂，及时采收，每667m^{2}产量在2 500kg左右。

图2-19 美国结球生菜

20. 撒哈拉

（1）种质来源　北京圣华德丰种子有限公司。

（2）特征特性　中早熟结球生菜优良品种。叶片中绿色，外叶中等，叶缘波状，略有皱缩；叶球圆球形，结球稳定紧密，单球重可达600g以上（图2-20）。

（3）栽培要点　抗热性、耐抽薹性极好，抗病性强，成球品质佳，适应露地季节广。全生育期80d左右。每667m^2产量可达2 500kg以上。

图2-20　撒哈拉

21. 剑客

（1）种质来源　北京圣华德丰种子有限公司。

（2）特征特性　中早熟结球生菜优良品种。叶片深绿色，外叶较大，叶缘略有缺刻，有叶泡；叶球圆球形，结球整齐，单球重可达700g以上（图2-21）。

（3）栽培要点　一年四季均可栽培，全生育期85d左右。耐寒性好，抗病性强，成球商品性极好，产量极高。

图2-21　剑　客

22. 阿黛

（1）种质来源　北京鼎丰现代农业发展有限公司。

（2）特征特性　中早熟结球生菜优良品种，高品质沙拉专用品种。叶片黄绿色，内外较均匀，叶缘有少量缺刻；叶球圆球形，顶部较平，株型紧凑，结球紧实，单球重600g左右（图2-22）。口感甜脆，中柱较小。耐热性强，耐抽薹，耐顶部灼烧。

（3）栽培要点　建议育苗栽培，高温条件下注意苗期采用降温措施。每667m^{2}用种量为10～15g，4～5叶1心时定植，定植株行距为30cm×30cm，施足有机底肥，后期适当控水。定植后生育期55～60d。

图2-22　阿　黛

23. 巡航101

（1）种质来源 北京聚宏种苗技术有限公司。

（2）特征特性 中早熟结球生菜品种。抗病性强，烧心、干边少。株型直立，外叶深绿色，叶球正圆形，极其紧实，单球重800g以上（图2-23）。

（3）栽培要点 适合密植，每667m^2 5 000～6 000株。适合高山、高原越夏栽培。抗寒性强。全生育期75～80d。

图2-23 巡航101

24.绿剑

（1）种质来源　北京绿东方农业技术研究所。

（2）特征特性　早熟结球生菜品种，较抗热，抽薹晚。植株生长整齐，叶片中等大小，深绿色；叶球圆球形，结球紧实，质地细而脆，风味好，平均单球重500g左右（图2-24）。

（3）栽培要点　生育期80d，从定植至收获50d。667m^2产量为2 000～3 000kg。

图2-24　绿　剑

25.BLT4300

（1）种质来源　北京开心格林农业科技有限公司。

（2）特征特性　中晚熟结球生菜品种。株高约24cm，株幅约45cm。叶片较大，深绿色；叶球圆球形，结球紧实（图2-25）。

（3）栽培要点　夏季露地栽培或冬季温室栽培均可，定植株行距30～50cm，生育期80d左右。

图2-25　BLT4300

26. 拳王201

（1）**种质来源**　北京鼎丰现代农业发展有限公司。

（2）**特征特性**　中早熟耐热型结球生菜品种。叶球颜色绿，叶片厚，球形圆正。单球重700g左右（图2-26）。抗病性强，耐烧边、烧心等病害。

（3）**栽培要点**　适宜于温暖季节广泛种植，尤其是春、夏、秋露地栽培，注意避雨采收。

图2-26　拳王201

27. 千胜205

（1）**种质来源** 北京鼎丰现代农业发展有限公司。

（2）**特征特性** 中早熟结球生菜品种。株型紧凑，长势旺盛。叶片较厚，绿色，叶缘缺刻较少；叶球圆形，单球重500～600g（图2-27）。外叶少，叶球整齐，净菜率高，可达70%。叶片较厚，收获运输中不易损坏和失水，且成熟期一致，因此适宜加工、贮运。耐寒性好，耐热性差，较耐弱光，抗霜霉病和灰霉病。

（3）**栽培要点** 适宜春季改良阳畦、大棚，秋季露地和保护地，冬季日光温室种植，在较低温度下也可正常生长，全生育期80～90d。育苗移栽667m^{2}用种量20～30g，苗龄30d左右定植，行距40cm，株距30cm。多施用腐熟有机质肥，全生育期注意肥水均衡供应，保护地种植注意通风换气和调节适宜温度。

图2-27　千胜205

第三章

半结球生菜主要品种与栽培要点

1. 意大利生菜

（1）种质来源 辽宁省义县义州镇农乐蔬菜种子商店。

（2）特征特性 株型紧凑直立，叶簇半直立；叶近圆形，叶片大而厚，叶质脆嫩（图3-1）。抗寒耐热，不易抽薹，品质佳，不易老化。

（3）栽培要点 肥沃疏松的土壤，要求整细、整平，每667m^{2}施有机质底肥1 500～2 000kg、复合肥17kg。行株距40cm×20cm，定植以晴天傍晚为最好，定植后常浇水，促使生根成活。

图3-1 意大利生菜

2. 立生1号

（1）**种质来源** 国家蔬菜工程技术研究中心。

（2）**特征特性** 立生1号又称罗马生菜。植株直立性强，株幅小；叶片长圆形，绿色，肉质厚，脆嫩；可长成松散的长圆球形，单株重300～500g（图3-2）。

（3）**栽培要点** 从播种到收获约70d，适于保护地及露地种植。定植株行距20～30cm见方，每667m^{2}用种量约20g，定植6 000株左右。

图3-2 立生1号

3. 立生2号

（1）种质来源　国家蔬菜工程技术研究中心。

（2）特征特性　植株直立性强，株幅小；叶片长圆形，肉质厚，脆嫩，叶色浅绿；可长成松散的长圆球形，耐抽薹，单株重300～500g（图3-3）。

（3）栽培要点　春季2～3月播种，露地定植；或秋季8月至9月上旬播种，露地定植。定植株行距30cm×30cm，每667m^{2}定植6 000株左右。

图3-3　立生2号

4.奶油生菜

（1）种质来源　北京绿金蓝种苗有限责任公司。

（2）特征特性　从国外引进的沙拉专用生菜品种。叶片柔软，近圆形，绿色，有光泽；株高25cm，单株重200～300g（图3-4）。

（3）栽培要点　适宜春、秋播种，京津地区春茬2～4月播种，5～6月收获；秋茬7月下旬至8月下旬播种，10～11月收获。定植株行距25～30cm，667m^{2}产量1 500～2 000kg。高温季节要注意遮阴。

图3-4　奶油生菜

5. 绿萝

（1）**种质来源**　北京鼎丰现代农业发展有限公司。

（2）**特征特性**　精致直立型品种。叶片抱合成近圆柱形，植株高20～30cm，长势整齐一致；外叶翠绿美观，奶黄白色心（图3-5）。有较好的耐寒性和抗病性，口感脆嫩。

（3）**栽培要点**　定植后50～60d收获，生长期需充足的水分，定植株行距30cm×25cm。夏秋茬栽培需注意降温。

图3-5　绿　萝

6. 美萝

（1）**种质来源** 北京鼎丰现代农业发展有限公司。

（2）**特征特性** 直立生菜品种。株高20～30cm，叶全缘，深绿色，叶质较厚脆，后期心叶呈抱合状（图3-6）。耐寒性较好，抗病性强，品质佳。

（3）**栽培要点** 全年均可种植。夏秋茬种植时，应在设施内育苗并注意降温，以确保种子萌发和幼苗正常生长。定植株行距30cm×25cm，生长期需充足的水分，定植后50～60d收获，667m^{2}产量在1 500kg以上。

图3-6 美 萝

7. 欧萝

（1）种质来源　北京鼎丰现代农业发展有限公司。

（2）特征特性　荷兰引进直立品种。叶深绿色，全缘基本无缺刻，叶片长，倒卵形，直立向上生长，叶质较厚也较脆，后期心叶呈抱合状（图3-7）。耐热性较好，抗病性较强，品质佳。

（3）栽培要点　全年露地、保护地栽培，定植株行距30cm × 30cm。生长期需注意通风、遮阴，保持水分充足。全生育期65 ~ 68d，667m^{2}产量在1 500kg以上。

图3-7　欧　萝

第四章

散叶生菜主要品种与栽培要点

1. 北散生1号

（1）种质来源 北京农学院从美国引入散叶生菜材料，在高温栽培条件下，经多代自交、纯化后选育出耐热性稳定的品种。

（2）特征特性 早熟散叶生菜品种。叶片深绿色，有光泽；叶倒卵形，叶尖圆形，叶基部圆形，叶缘钝齿，叶无缺刻，微皱。植株生长迅速，整齐度高，单株重300g左右（图4-1）。质地脆嫩，味道清香，苦中带甜。耐抽薹，抗干烧心和烧边能力强。

（3）栽培要点 适宜北方地区春大棚、春夏露地栽培及冷凉地区夏季种植，定植到收获30d左右。667m^{2}产量达2 000kg以上。

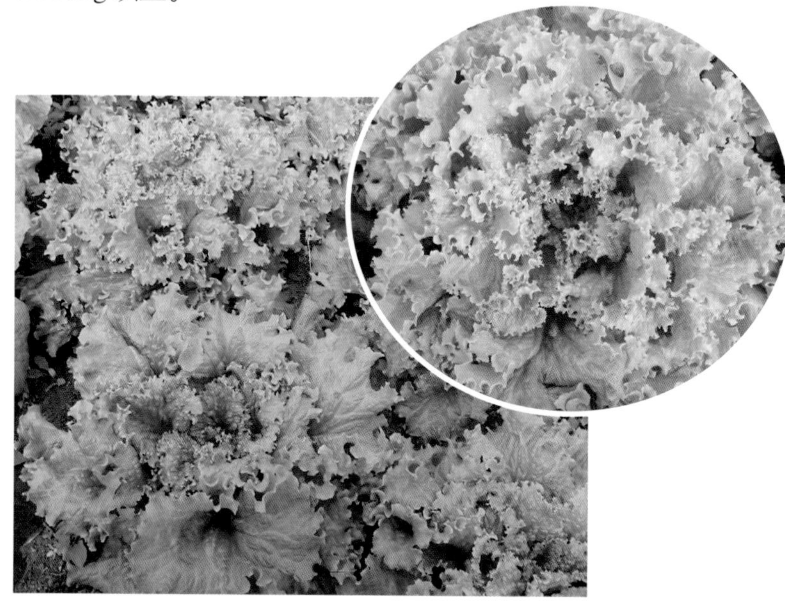

图4-1 北散生1号

2. 北散生2号

（1）**种质来源** 北京农学院从美国引入散叶生菜材料，在高温栽培条件下，经多代自交、纯化后选育出耐热性稳定的品种。

（2）**特征特性** 早熟散叶生菜品种。叶片黄绿色，有光泽；叶倒卵形，叶尖圆形，叶基部楔形，叶缘钝齿，叶无缺刻，微皱。植株生长迅速，整齐度高，单株重300g左右（图4-2）。

（3）**栽培要点** 适宜北方地区春大棚、春夏露地栽培及冷凉地区夏季种植，定植到收获30d左右。667m^2产量达2 000kg以上。

图4-2 北散生2号

3. 北散生3号

（1）种质来源　由北京农学院自美国引入散叶生菜材料，经多代自交、纯化后选育出耐寒性稳定的品种。

（2）特征特性　早熟散叶生菜品种。叶片深绿色，有光泽；叶倒卵形，叶尖圆形，叶基部圆形，叶缘钝齿，叶无缺刻，微皱。植株生长迅速，整齐度高，单株重300g左右(图4-3)。

（3）栽培要点　适宜北方地区冬季日光温室、春夏露地、秋季塑料大棚栽培及冷凉地区夏季种植，定植到收获30d左右。667m^2产量达2 000kg以上。

图4-3　北散生3号

4. 北散生4号

（1）种质来源　由北京农学院自美国引入散叶生菜材料，经多代自交、纯化后选育出耐寒性稳定的品种。

（2）特征特性　早熟散叶生菜品种。叶片深绿色，有光泽。植株生长迅速，整齐度高，单株重300g左右（图4-4）。质地脆嫩，味道清香，苦中带甜。

（3）栽培要点　适宜北方地区冬季日光温室、春夏露地、秋季塑料大棚栽培及冷凉地区夏季种植，定植到收获30d左右。667m^{2}产量达2 000kg以上。

图4-4　北散生4号

5. 美国大速生

（1）种质来源 甘肃省武威市搏盛种业有限责任公司，自美国引进。

（2）特征特性 植株半直立。叶翠绿色，叶面皱皮松散，叶缘波状，美观。株高20～22cm，株幅30～35cm，单株重300～450g（图4-5）。口感脆嫩，品质好。

（3）栽培要点 抗病、耐寒，适应性广，南北方露地、保护地皆宜栽培。直播、育苗定植皆可，育苗移栽苗龄为30～40d，小苗4～5片叶时定植，平畦栽培，株行距20～25cm。667m^2用种量为15～20g，产量可达1 500～2 000kg。生育期45～60d，生长速度快，不耐高温干旱。

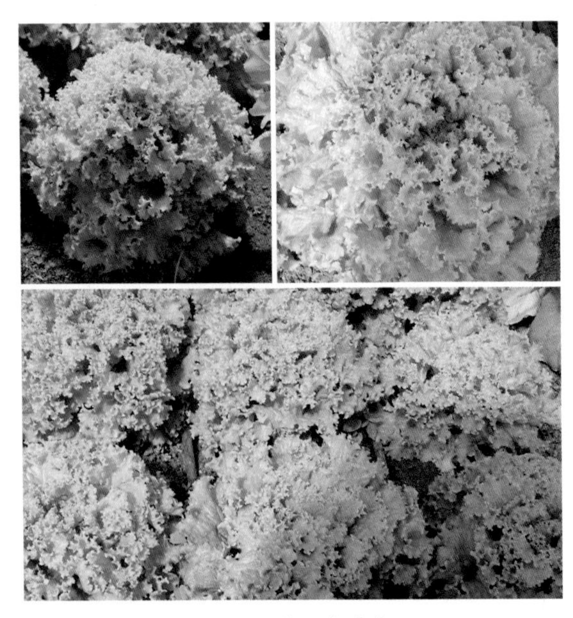

图4-5　美国大速生

6. 奥赛帝

（1）**种质来源**　中国种子集团公司。

（2）**特征特性**　植株直立，生长势强。叶片鲜绿色，边缘具波浪形褶皱（图4-6）。口感柔软甜脆，品质极佳。

（3）**栽培要点**　抗逆性强，适应范围广，一年四季均可栽培。株行距25～30cm，可适当密植。

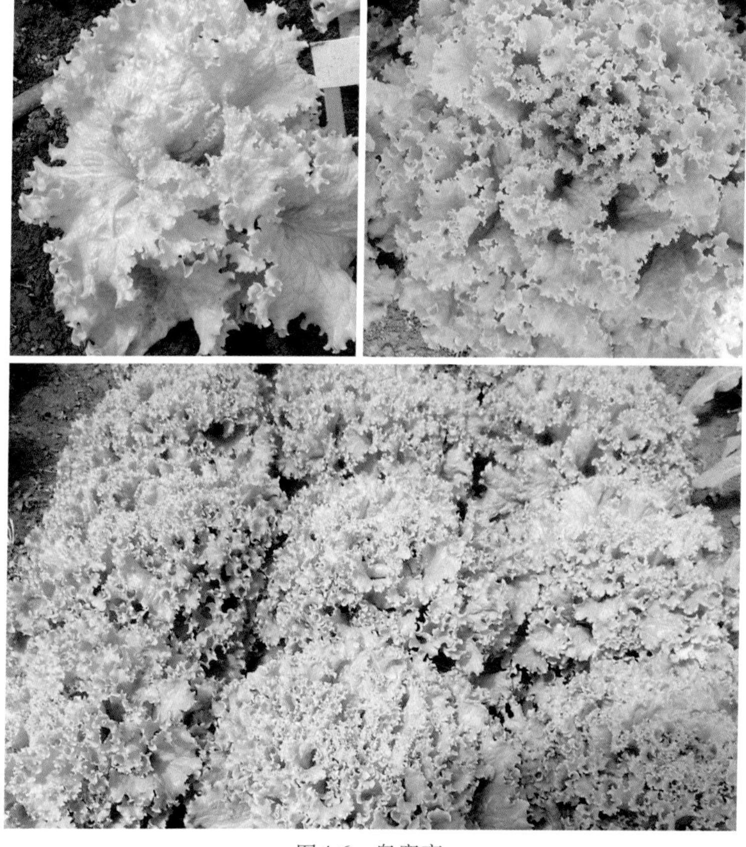

图4-6　奥赛帝

7. 瑞比特

（1）种质来源 北京绿金蓝种苗有限责任公司。

（2）特征特性 从美国引进的快速生长散叶生菜品种。植株较直立，叶片皱，浅绿色（图4-7）。肉质细嫩，无纤维，风味好，商品性佳，产量高。

（3）栽培要点 耐热性、耐寒性均较强，栽培适应性广，露地、保护地均可种植。定植株行距25～30cm，生长速度快，定植后45～50d即可收获。

图4-7 瑞比特

8. 香生菜

（1）种质来源　成都市第一农业科学研究所。

（2）特征特性　株高约28cm，株幅约46cm。叶色黄绿，叶面多皱（图4-8）。质地脆，无苦味。

（3）栽培要点　早熟，大棚、露地均可栽培，生长期短，定植后30多天即可采收。

图4-8　香生菜

9. 黄生菜

（1）种质来源　内蒙古农牧业科学院蔬菜研究所。

（2）特征特性　株高约37cm，株幅约55cm。叶片倒卵形，无裂刻，叶面皱，叶色黄绿，质地脆（图4-9）。

（3）栽培要点　春、秋均可栽培，苗期30d左右，定植到采收40d左右。

图4-9　黄生菜

10. 鸡冠生菜

（1）种质来源　吉林省蔬菜花卉科学研究院。

（2）特征特性　株高约21cm，株幅约40cm。叶片倒卵形，黄绿色，叶面微皱（图4-10）。质地软，味微苦。

（3）栽培要点　露地、保护地均可栽培，株行距30cm左右。中等抗性，易栽培，生长期短。

图4-10　鸡冠生菜

11. 矮脚生菜

（1）**种质来源** 广西农业科学院园艺研究所。

（2）**特征特性** 早熟散叶生菜品种。株高约28cm，株幅约50cm。叶片倒卵形，叶面皱，叶色黄绿。株型美观，整齐一致（图4-11）。抗病性较好，质地脆，易栽培。

（3）**栽培要点** 苗期30d左右，4～5叶1心时定植，定植后根据缓苗情况及时补苗，注意肥水控制，施足底肥。

图4-11 矮脚生菜

12. 改良大速生

（1）**种质来源** 北京阿特拉斯种业有限公司。

（2）**特征特性** 改良的散叶生菜品种。叶片亮绿色，多皱缩，叶缘波状，品质佳（图4-12）。

（3）**栽培要点** 早熟，全生育期60d左右。耐寒性较好，抗病性较强，适应春、秋季和冬季保护地种植，定植株行距25～30cm，667m^2产量在1 500kg以上。

图4-12 改良大速生

13. 玻璃生菜

（1）种质来源　广州市蔬菜科学研究所。

（2）特征特性　株高25cm左右，叶簇直立生长。叶片黄绿色，散生，有皱褶，带光泽，叶缘波状，叶群向内微抱，但不紧密，叶片易散。单株重300～500g（图4-13）。脆嫩爽口，略甜，品质上乘。

（3）栽培要点　适于春秋季大棚、露地种植及冬季保护地栽培。株行距20cm×30cm，定植后40d采收。喜冷凉环境，生长适宜温度为15～20℃；喜湿，全生育期要求有充足的水分供应。667m^{2}产量达2 000～3 000kg。

图4-13　玻璃生菜

14. 罗生3号

(1) 种质来源 国家蔬菜工程技术研究中心。

(2) 特征特性 叶片绿色，叶缘曲回皱缩。株形呈球形，犹如珊瑚。植株株幅20～30cm，单株重300g左右（图4-14）。

(3) 栽培要点 直播或育苗栽培均可，生长期短，从播种到收获60d左右。施足底肥，生长期一般不需追肥，高温季节注意采取降温措施。

图4-14 罗生3号

15. 大橡生2号

（1）种质来源 北京京研益农科技发展中心。

（2）特征特性 深裂橡叶生菜。植株直立，长势旺盛。叶片深裂，宛如橡叶，叶色绿，叶肉厚，口感脆嫩，品质佳，株型漂亮，可形成松散的心，单株重500g左右（图4-15）。

（3）栽培要点 宜在春、秋和冬季保护地种植，炎热气候对其生长不利，暖地应避免种植，高山寒冷地夏季可以种植。育苗移栽，苗龄30d左右，每667m^{2}用种量约20g，定植5 000～6 000株，产量高。全生育期70d左右。

图4-15 大橡生2号

16. 芳妮

（1）**种质来源**　由国外引进并改良的散叶生菜品种。

（2）**特征特性**　早熟品种。叶片亮绿色，多皱缩，叶缘波状（图4-16）。品质佳，耐热性好，耐顶烧病，抗抽薹性较强。

（3）**栽培要点**　适应春、秋季节和夏季冷凉地区种植，$667m^2$产量可达2 000kg以上。全生育期60d左右。

图4-16　芳　妮

17. 辛普森精英生菜

（1）种质来源　美国圣尼斯公司。

（2）特征特性　生长均匀一致，叶色亮绿，叶形美观，头部叶片展开形成卷叶，有饰边皱叶。其饰边皱叶随气温变化较大，温度越高，皱褶越深；温度越低，叶片越平展，皱褶越浅（图4-17）。口感爽脆，品质佳，商品性好。

（3）栽培要点　极耐热，耐抽薹，特别适合夏季种植。播种后55d左右可收获。春季露地栽培宜在3～4月育苗，北方秋季种植可在6～7月播种育苗，南方秋播宜在7～8月播种，冬季温室栽培宜在11月至12月上旬播种。栽植密度以25cm×（20～25）cm为宜。

图4-17　辛普森精英生菜

第五章

紫叶生菜

主要品种与栽培要点

1. 北紫生1号

（1）种质来源　北京农学院选育品种。

（2）特征特性　早熟紫叶散生生菜品种。叶色较紫，叶基部向叶尖由绿到紫渐变，色泽清透，叶缘重锯齿形，叶面多皱，形态美观，株型饱满，株高25cm左右，叶长25cm左右，叶宽16cm左右，单株重102g左右（图5-1）。维生素C、蛋白质含量高，花色苷含量高，口感细腻，质地脆嫩，味道好，鲜嫩清香，苦中带甜，适合凉拌食用。

（3）栽培要点　适宜北京地区栽培。株型饱满，展幅较大，栽培时株行距应控制在40cm × 35cm。栽培时要注意控制水肥，保证阳光充足，使叶色深紫。真叶4～5片时定植，预先充分灌水，高温季节傍晚凉爽时定植。防止因徒长苗、老化苗等引起的先期抽薹现象。每667m^{2}栽苗4 700株左右，产量在560kg左右。

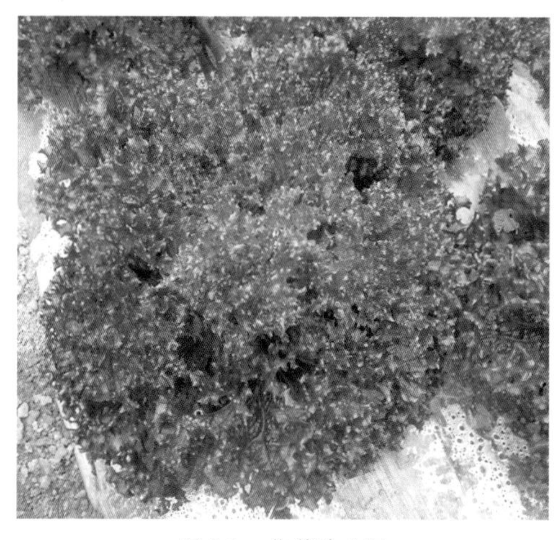

图5-1　北紫生1号

2. 北紫生2号

（1）种质来源　北京农学院选育。

（2）特征特性　紫叶散生生菜品种。株高25cm左右，株幅38cm左右，叶长25cm左右，叶宽16cm左右。叶色绿中带紫，整体为绿色，叶边外缘粉色，叶缘不规则钝齿形，叶无缺刻，叶面多皱 。植株生长快速，整齐度高，形态美观，单株重144g左右（图5-2）。植株饱满圆润，叶片多，病虫害少，质脆，口味香甜脆嫩，维生素C、蛋白质含量高，粗纤维含量低。

（3）栽培要点　真叶4～5片时定植，预先充分灌水，高温季节傍晚凉爽时定植。定植可按行距35～40cm、株距30cm穴栽，每667m^{2}栽苗4 700株左右，产量在710kg左右。定植到收获35d左右。具有采收期长、可分期采收的特点，适宜北京地区栽培。

图5-2　北紫生2号

3. 北紫生3号

（1）**种质来源**　北京农学院选育。

（2）**特征特性**　植株直立，叶片多，展幅大。叶片倒水滴形，叶色绿中带紫。形态饱满，质脆，味道香甜。单株重307g左右（图5-3）。病虫害少，抗性强，耐抽薹。

（3）**栽培要点**　真叶4～5片时定植，预先充分灌水，高温季节傍晚凉爽时定植。防止因徒长苗、老化苗等引起的先期抽薹现象。平畦或小高畦栽培，施足底肥，定植后每667m^{2}可随水施硝酸铵5～10kg。每667m^{2}栽苗4 700株左右，产量为1 495kg左右。采收期长，可分期采收，适宜北京地区栽培。

图5-3　北紫生3号

4. 北紫生4号

（1）**种质来源** 北京农学院选育。

（2）**特征特性** 形态小巧，株型直立。叶片紫红色，着色均匀，着色率高达95%，花色苷含量高达33.4μg/g。产量高，抗性强，耐抽薹。质脆，口味香甜，维生素C、蛋白质含量高，粗纤维含量较低。单株重110g左右（图5-4）。

（3）**栽培要点** 适宜北京地区栽培。定植可按行距35～40cm、株距30cm穴栽。栽苗前提前浇水，栽苗后浇足定植水。每667m^{2}栽苗5 700株左右，产量约为630kg。

图5-4 北紫生4号

5. 红皱生菜

（1）种质来源 北京绿东方农业技术研究所。

（2）特征特性 由国外引进的早熟生菜品种。植株较大，叶片边缘深红色，皱缩，颜色亮丽。生长均匀一致，植株美观，头部叶片展开形成卷叶（图5-5）。食味爽脆，品质佳，商品性好。适应性强，晚抽薹。

（3）栽培要点 适合春、秋露地及冬季保护地栽培，株行距30cm × 30cm。生育期55d左右。667m^2产量约为1 500kg。

图5-5 红皱生菜

6. 罗生1号

（1）种质来源 国家蔬菜工程技术研究中心。

（2）特征特性 叶缘曲回皱缩，红色，且温差越大、光照越强，颜色越深；株形呈圆形，状如珊瑚，株幅20～30cm。单株重300g左右（图5-6）。

（3）栽培要点 宜在春、秋和冬季保护地种植，炎热气候对其生长不利，暖地应避免种植，高山寒冷地夏季可以种植。育苗移栽，苗龄30d左右，667m^2用种量约20g，定植6 000～8 000株。从播种到收获60d左右。

图5-6 罗生1号

7. 紫叶生菜

（1）种质来源 辽宁省农业科学院园艺研究所，引自美国。

（2）特征特性 株高17cm左右，株幅47cm左右，叶色紫绿，色泽美观（图5-7）。质地较软，微苦。极早熟，中等抗性，不耐高温。

（3）栽培要点 育苗移栽，苗龄30～40d，小苗4～5片叶时定植，平畦栽培，株行距20～25cm，定植缓苗后加强肥水管理。夏季栽培注意遮阴，及时通风，防止先期抽薹。从定植到收获，春栽50～60d，秋栽35～40d。

图5-7 紫叶生菜

8. 紫莎

（1）**种质来源**　北京阿特拉斯种业有限公司。

（2）**特征特性**　荷兰生菜品种。叶片深紫色，微皱，叶缘锯齿状（图5-8）。

（3）**栽培要点**　适合冷凉湿润气候。春、秋季均可栽培，苗龄30d左右，定植株行距25～30cm，667m^2用种量40～60g，生长期45～60d。

图5-8　紫　莎

9. 美国紫叶生菜

（1）种质来源　河北省青县青丰种业有限公司。

（2）特征特性　散叶生菜，叶面紫红色，叶片皱褶，叶缘锯齿状；叶簇横展，质地嫩，生长速度快（图5-9）。耐寒耐热，适应性强。

（3）栽培要点　早春及夏季（7月中旬）播种，株行距30cm × 30cm，每667m^2栽植约6 000株。

图5-9　美国紫叶生菜

10. 紫生菜

(1) **种质来源** 北京中蔬园艺良种研究开发中心。

(2) **特征特性** 株高20～30cm，株幅33～40cm，叶片开展；叶椭圆形，叶色紫红，有光泽，叶面皱，叶缘波状（图5-10）。质地软，味苦，色泽美观，商品性好。单株重200～450g。

(3) **栽培要点** 适应性强，抗病性强，易栽培。适宜春、秋露地及保护地栽培。

图5-10 紫生菜

11. 红生1号

（1）种质来源 国家蔬菜工程技术研究中心。

（2）特征特性 速生生菜类的红叶生菜类型。植株开张，叶片伸展。叶片深红色，颜色十分醒目，光照越强、温差越大，颜色越深，是混合色拉配色的首选品种。单株重300g左右（图5-11）。

（3）栽培要点 喜欢冷凉湿润的气候，炎热地区生长不良，容易抽薹，宜冷凉季节栽培，高山冷凉地区可以夏季栽培。育苗移栽，苗龄30d左右，每667m^{2}用种量约20g，定植6 000 ~ 8 000株。从播种至收获50 ~ 60d。

图5-11 红生1号

12. 南韩紫秃生菜

（1）种质来源　河北省沧州市青县王镇店种子繁育站。

（2）特征特性　叶片皱褶，叶面为紫红色，叶缘锯齿状，叶簇横展，质地嫩（图5-12）。

（3）栽培要点　喜冷凉气候，耐弱光，四季可播，直播、移植均可。苗期保持土壤湿润，5～6片真叶时移苗，高温时早、晚浇水，少量勤浇为佳，但忌水涝，生长前期适当控水，保持湿润即可。

图5-12　南韩紫秃生菜

13. 大橡生1号

（1）种质来源 国家蔬菜工程技术研究中心。

（2）特征特性 散叶生菜，植株直立生长，生长整齐，长势旺盛，叶片肉厚，叶缘深裂，宛如橡叶；着光处紫色，心叶白色。口感脆嫩，味道好，品质佳。单株重500g左右（图5-13）。

（3）栽培要点 半耐寒性蔬菜，喜欢冷凉湿润的气候条件，适宜温度为15～20℃。高温长日条件下容易抽薹。以春、秋季露地及保护地栽培为宜，高山冷凉地区可以进行夏季栽培。育苗移植，每667m^2用种量约20g，苗龄30d左右，从播种至收获约70d。

图5-13 大橡生1号

14. 特红皱生菜

（1）**种质来源** 北京绿金蓝种苗有限责任公司。

（2）**特征特性** 叶簇半直立，株高30cm左右，株幅25～30cm。叶片散生，叶长椭圆形，有皱曲，叶缘呈紫红色，色泽美观。单株重500g左右（图5-14）。

（3）**栽培要点** 适宜春、秋季露地及保护地栽培，春季3～5月播种，5～6月收获；秋季6～8月播种，8～10月收获。育苗每667m^2播种量约25g，行株距30cm×25cm。喜光照充足和温暖气候，生长迅速，成熟早，定植后45d左右可采收，667m^2产量为1 500～2 000kg。

图5-14 特红皱生菜

15. 立生3号

（1）种质来源 国家蔬菜工程技术研究中心。

（2）特征特性 植株直立性强，株幅小；叶片长圆形，紫或紫绿色，在一定范围内，光照度越强、温度越低，紫色越深；肉质厚，脆嫩；可长成松散的长圆球形，单株重300～500g（图5-15）。

（3）栽培要点 适于保护地及露地种植，从播种至收获约70d。定植株行距20～30cm见方，每667m^{2}定植6000～8000株。

图5-15 立生3号

16.Canasta Rrat 000206 L.4

（1）**种质来源** 北京市裕农优质农产品种植公司。

（2）**特征特性** 株高约27cm，株幅约40cm，株型紧凑；叶面平滑，叶色紫绿，紫色深浅与光照度、温度相关，在一定范围内，光照度越强、温度越低，紫色越深（图5-16）。晚熟，生长期较长。

（3）**栽培要点** 一年四季均可种植，育苗栽培，苗期30d左右。定植前施足底肥，生长期一般无需追肥。

图5-16 Canasta Rrat 000206 L.4

17. YN-B

(1) 种质来源　北京市裕农优质农产品种植公司。

(2) 特征特性　株高约19cm，株幅约30cm；叶色紫红，叶片浅裂，成熟期叶片抱合成不明显球状，叶球较松，单株重400g左右（图5-17）。

(3) 栽培要点　春茬3月前后播种，秋茬7～8月播种，秋冬季节保护地栽培。定植株行距25～30cm。

图5-17　YN-B

18. 紫罗马生菜

（1）种质来源　北京绿东方农业技术研究所。

（2）特征特性　由国外引进的生菜品种。植株体型较大，散叶；叶片长圆形，直立，红紫色，色泽艳丽，强光照下叶片颜色逐渐加深（图5-18）。不易抽薹，喜光，较耐热；成熟期早，品质优良并且有较强的观赏价值。

（3）栽培要点　667m^{2}产量为1 000～2 000kg。适宜春、秋季露地及保护地栽培。每667m^{2}播种量约30g，株行距20～25cm见方，生育期45～60d。

图5-18　紫罗马生菜

19. 紫金城 · 紫美人

(1) 种质来源 北京澳硕丰农业科技有限公司。

(2) 特征特性 纯度高，菜型美观；爽脆味香，品质好；生长快速，商品性高；耐热，耐寒，耐抽薹（图5-19）。

(3) 栽培要点 可全年种植，定植株行距20cm。持续采收期长，春夏多雨季节不易腐烂。

图5-19 紫金城·紫美人

REFERENCES

主要参考文献

陈青君，韩莹琰，谷建田，等，2011. 叶用莴苣种质资源的主要农艺性状鉴定与耐热性评价[J]. 中国蔬菜，20: 20-27.

董洁，范双喜，陈青君，等，2009. 叶用莴苣遗传多样性的初步研究[J]. 北京农学院学报，24(4): 7-11.

范双喜，2014. 北京市叶类蔬菜产业发展研究[M]. 北京：中国农业出版社.

范双喜，谷建田，韩莹琰，2003. 园艺植物高温逆境生理研究进展[J]. 北京农学院学报，18(2): 147-151.

高琦，韩莹琰，谢蒙胶，等，2016. 紫色叶用莴苣色泽参数及花色苷含量的相关研究[J]. 中国农学通报，32(34): 42-48.

谷建田，范双喜，张喜春，等，2006. 结球莴苣耐热性鉴定方法的研究[J]. 华北农学报，21: 99-103.

桂琳，范双喜，韩莹琰，等，2017. O2O背景下北京市叶类蔬菜营销模式创新研究[M]. 北京：中国农业出版社.

韩良玉，谷建田，范双喜，2005. 结球莴苣耐热性鉴定方法初探[J]. 北京农学院学报，20(4): 29-32.

韩莹琰，范双喜，陈青君，等，2009. 叶用莴苣耐热性的初步研究[J]. 园艺学报，36(4): 521-524

韩莹琰，赵真真，胡克玲，2016. 阳台蔬菜栽培技术问答[M]. 北京：中国农业大学出版社.

李锡香，王海平，等，2007. 莴苣种质资源描述规范和数据标准[M]. 北京：中国农业出版社.

刘甜甜，陈青君，范双喜，2011. 结球莴苣品种比较试验研究[J]. 中

国农学通报，27(6): 138-142.

刘雪莹，李君平，范双喜，等，2016. 不同品种叶用莴苣感官品质评价[J]. 中国蔬菜(3): 26-30.

罗江，王心斅，徐全明，等，2016. 北京地区6个夏茬生菜品种比较分析[J]. 北京农学院学报，31(2): 50-52.

王迪轩，等，2014. 绿叶蔬菜类蔬菜优质高效栽培技术问答[M]. 北京：化学工业出版社.

王亚楠，韩莹琰，范双喜，等，2015. 紫色叶用莴苣遗传多样性及亲缘关系的TRAP分析[J]. 中国蔬菜(3): 25-32.

张俊花，等，2012. 绿叶蔬菜高产栽培技术一本通[M]. 北京：化学工业出版社.

张侨，韩莹琰，范双喜，等，2010. 高温胁迫下不同品种叶用莴苣种子萌发特性[J]. 西北农业学报，19(5): 171-176.

张喜春，范双喜，司力珊，2007. 叶菜类蔬菜栽培技术问答[M]. 北京：中国农业大学出版社.

张彦萍，胡瑞兰，等，2013. 莴苣、芽苗菜安全优质高效栽培技术[M]. 北京：化学工业出版社.

赵大芹，2011. 叶类蔬菜栽培[M]. 贵阳：贵州科技出版社.

中国园艺协会，中国农业科学院蔬菜花卉研究所，2004. 甘蓝类 白菜类及其他菜类新优品种图册[M]. 郑州：中原农民出版社.